AF542580

ENCYCLOPÉDIE

POPULAIRE,

OU

LES SCIENCES, LES ARTS ET LES MÉTIERS

MIS A LA PORTÉE DE TOUTES LES CLASSES.

*L'instruction mène à la fortune
et conduit au bonheur.*

Les contrefacteurs seront poursuivis selon toute la rigueur de la loi.

Extrait du Code pénal.

Art. 425. Toute édition d'écrits, de composition musicale, de dessin, de peinture ou de toute autre production, imprimée ou gravée EN ENTIER OU EN PARTIE, au mépris des lois et réglemens relatifs à la propriété des auteurs, est une contrefaçon, et toute contrefaçon est un délit.

Art. 427. La peine contre le contrefacteur, ou contre l'introducteur, sera une amende de cent francs au moins et de deux mille francs au plus; et contre le débitant, une amende de vingt-cinq francs au moins et de cinq cents francs au plus.

La confiscation de l'édition contrefaite sera prononcée tant contre le contrefacteur que contre l'introducteur et le débitant.

Les planches, moules ou matrices des objets contrefaits seront aussi confisqués.

PARIS. — IMPRIMERIE DE FAIN,
Rue Racine, n. 4, Place de l'Odéon.

LE TOISÉ DES BATIMENS,

OU

L'ART DE SE RENDRE COMPTE,

ET DE METTRE A PRIX

TOUTE ESPÈCE DE TRAVAUX;

OUVRAGE UTILE
AUX ARCHITECTES, CONSTRUCTEURS ET PROPRIÉTAIRES;

PAR L. T. PERNOT,
ARCHITECTE, EXPERT PRÈS LES TRIBUNAUX.

SIXIÈME PARTIE.

MARBRERIE.

PARIS.
AUDOT, LIBRAIRE-ÉDITEUR,
RUE DES MAÇONS-SORBONNE, N°. 11.

1829.

TOISÉ DES BATIMENS.

MARBRERIE.

NOTIONS GÉNÉRALES.

Sur la nature et la qualité des marbres.

Le marbre est une pierre dure dont le grain est fin, la contexture serrée et susceptible de recevoir le poli. Les marbres de France et de Flandre se trouvent par rochers jetés çà et là, soit dans les plaines ou sur les montagnes. Ces rochers s'exploitent en faisant au pourtour de profondes tranchées, afin de les déraciner; quand ils sont ainsi déchaussés on les renverse, ensuite on les divise par le moyen de la mine ou de la scie.

Le granit, les marbres de Dinan et de Namur, se trouvent à la surface du sol et s'exploitent comme les carrières de pierres calcaires, en perçant des carrières à bouche aux flancs des montagnes qui les renferment. On les transporte soit par terre ou par eau. Ils sont envoyés, les uns en blocs bien équarris, les autres débités en tranches. Les marbres en blocs varient de prix suivant leur qualité, les difficultés du transport. Les marbres de Flandre, qui sont les plus usités, n'offrent pas une grande variété, aussi ne sont-ils pas susceptibles de beaucoup de choix. Les marbres d'Italie sont d'un grain plus fin que ceux de Flandre, et offrent une grande variété dans les couleurs; aussi ces marbres éprouvent-ils une grande variation dans les prix.

La majeure partie des noms donnés aux marbres sont empruntés aux endroits les plus voisins de leurs carrières, ou plaines qui les produisent. Les marbres dont on fait le plus grand usage dans les bâtimens sont ainsi classés :

Le marbre *Sainte-Anne* a le fond d'un noir pur, portant des taches d'un beau blanc et en petits détails. Le *Bussière*, le *Hante*, le *Montigny*, variétés du Sainte-Anne, sont d'un noir pâle, avec de grandes taches transparentes d'un blanc sale. Ces marbres sont d'une meilleure qualité que tous ceux que l'on trouve en Flandre, parce qu'ils réunissent à la finesse du grain la contexture la mieux serrée et la mieux liée; qu'ils n'ont jamais de fils et de terrasses, et résistent mieux à la chaleur. Le pied cube de cette espèce de marbre pèse 190 livres $\frac{1}{2}$, et coûte, rendu à Paris, de 20 à 22 fr.

Le marbre *granité*, découvert il y a quelques années, se trouve près d'Arque-Sorel, où il est exploité en très-grande abondance.

Ce marbre a le fond d'un noir peu vif, mêlé de petits points blancs ou gris transpareus; mais il est plus difficile au travail que le Sainte-Anne, et certaines parties ne reçoivent de poli qu'imparfaitement. Le poids du pied cube est de 188 livres, et il revient à Paris à 25 fr.

Le *Malplaquet* se trouve dans les Ardennes; son fond est d'un gris bleuâtre, et couvert au moins de moitié par de larges taches presque roses; parmi ces taches il se trouve quelques veines blanches plus petites, et qui sont transparentes avec le fond. Sa contexture est assez serrée, mais elle est quelquefois un peu désunie par des fils et des terrasses; il est facile au travail et reçoit bien le poli. Le pied cube pèse 189 livres, et revient à Paris à 23 fr.

Le *Namur* se divise en deux espèces quoique sortant de la même carrière : la première espèce, que l'on tire des premiers lits, a le fond d'un noir pur, il est chargé de veines blanches, sa contexture est fort serrée, son grain a la finesse propre au poli, est difficile au travail et l'air influe beaucoup sur lui pour les fils. Le pied cube pèse 194 livres, et coûte, rendu à Paris, 27 fr.

La deuxième espèce, formée par les dernières couches de la carrière, est d'un seul fond noir, et souvent très-peu foncé. Ce marbre a des parties vaporeuses et rousses, quelquefois des petits filets blancs très-déliés. Le pied cube pèse 198 livres, et coûte, rendu à Paris, 30 fr.

Le *Dinan*. Ce marbre est d'un très-beau noir et sans aucune altération dans toutes ses parties; il est très-cassant et a la contexture serrée et très-égale; la finesse de son grain lui fait recevoir un très-beau poli; mais aussi il est difficile et dur dans le travail de la taille.

Depuis quelques années on n'en exploite plus, parce que les carriers ne retiraient pas leurs frais pour les dépenses qu'ils étaient obligés de faire pour l'empêcher de se fendre à l'air au sortir des fouilles, en le déposant dans des caves pour l'y faire ressuyer par degrés. Le pied cube pèse 202 livres, et coûte, rendu à Paris, 36 fr. première qualité ; la deuxième qualité revient à 30 fr.

Le *Barbançon*. Ce marbre, dont le fond est noir, mêlé de larges taches et veines blanches, est d'une mauvaise contexture et sujet aux fils. Ce marbre n'est pas difficile au travail, mais il ne prend pas un beau poli. Le pied cube pèse 190 livres, il coûte, rendu à Paris, 24 fr. Il n'est plus en exploitation.

Le *Saint-Rémi* est de trois couleurs : son fond est d'un rouge foncé, très-chargé de taches d'un gris bleu coupées d'une infinité de veines blanches jetées en tous sens, et de quelques taches de même couleur. C'est un des plus beaux marbres de Flandre ; il est facile au travail et prend un beau poli. Le pied cube pèse 190 livres, et revient, rendu à Paris, à 24 fr.

Le *Rance* est de deux espèces : la première a le fond rouge-brun, les veines blanches et bleuâtres ; le fond de la seconde espèce est d'un rouge pâle, mêlé de gris cendré, a des taches et des veines blanches. Leur contexture est vicieuse, et le plus petit effort cause la désunion d'une infinité de leurs parties. Ces marbres, qui résistent bien à l'air et à la gelée, prennent un assez beau poli. Le pied cube pèse 193 livres $\frac{1}{2}$, et revient à Paris à 23 fr. Ces marbres, qui ne s'exploitent plus aujourd'hui, se tiraient du département de Jemmapes.

Le *Cerfontaine*. Son fond est d'un rouge pâle mêlé et chargé de gris bleuâtre; il a quelques taches et veines blanches, il ressemble beaucoup au *Rance*, quoique moins terrasseux que lui. Il s'exploite près de Philippeville, dans le département des Ardennes. Le pied cube pèse 189 livres, et vaut, rendu à Paris, 23 fr. Le *Senzielle* ressemble en tout au Cerfontaine, à l'exception du fond qui est d'un rouge foncé. Le *Traîneau* ressemble en tout au Senzielle, mais il n'est plus en exploitation.

Le *Franchimont* s'exploite dans le département des Ardennes; il tient du Senzielle pour la couleur et du Sainte-Anne pour la qualité; il est cependant sujet aux terrasses. Le pied cube pèse 189 livres; rendu à Paris, il coûte 23 fr.

Le *Merlemont* ressemble encore au Senzielle, tant sous le rapport de la couleur que du poids. Il n'est plus en exploitation.

Le *Haie de Saule* et le *Bois Jacques* ressemblent pour les couleurs au Cerfontaine, mais ils sont plus chargés de taches blanches. Ces deux marbres, qui se trouvaient du côté de Jemmapes, ne s'exploitent plus.

Le *Richemont* a le fond d'un rouge brun, avec des taches larges bleues, et ressemble en tout au précédent; il coûte à Paris 23 fr. le pied cube. Ce marbre n'est plus en exploitation.

Le *Hou* a le fond rouge et les taches larges et blanches; il ressemble pour le poids au Cerfontaine. Ce marbre n'est plus en exploitation.

L'*Agrnout* ou *Griotte de Flandre* a le fond rouge pâle, les taches blanches en petit nombre, et les veines du même ton et en grande quantité, avec quelques autres bleuâtres. Quoique un peu terrasseux, son grain est serré et sa contextnre assez pleine; il reçoit un beau poli, et est pour le travail semblable aux autres marbres rouges. Son poids et son prix sont les mêmes que pour le Cerfontaine.

Le *Vausor* ou *Brèche grise* a le fond

gris ou d'un jaune sale, mêlé d'une sorte de cailloux couleur de pierre à fusil, tantôt blancs, tantôt mêlés de quelques petits filets de même couleur. Ce marbre est terrasseux et se taille difficilement. Le pied cube pèse 189 livres, et coûte 23 fr. Le port des marbres dont nous venons de parler coûte, rendu à Paris, 13 fr.

Le marbre de *Caen* est de deux espèces: la première a le fond rouge et peu vif, elle est chargée de veines et de taches blanches et bleu gris, son grain est très-tendre et peu propre pour recevoir le poli. Le pied cube pèse 187 livres, et coûte, rendu à Paris, 21 fr. La seconde espèce est d'un noir bleuâtre ; ce marbre n'est propre qu'à faire du carreaux. Les deux espèces que nous venons de citer ne sont plus en exploitation.

Le marbre *Laval* a le fond d'un beau rouge foncé, portant beaucoup de petites taches blanches et quelques veines de même couleur, entre-mêlées d'autres taches bleues et de filets très-déliés de même teinte : sa contexture est mauvaise, il est sujet aux terrasses. Le pied cube pèse 186 livres, et coûte 25 fr.

Le *Granit de Bretagne*. Il y en a de trois espèces, le gris, le rose et le jaune.

On les emploie à Paris pour bornes ou bordures; ces granits sont très-durs au travail. Le pied cube pèse 193 livres, et revient à 21 fr.

Le *Lumaquelle* est à grandes et petites coquilles; le fond est gris-bleu-ardoise ou jaunâtre, mêlé de taches d'un blanc sale. Le pied cube de l'espèce à petites coquilles revient à 36 fr.; le pied cube de celle à grandes coquilles vaut 40 fr. Ce marbre n'est plus en exploitation.

Le *Bourbonnais*. Ce marbre a le fond rouge sale, mêlé de gris bleu avec des veines d'un jaune pâle; il est rempli de terrasses et javarts; il est susceptible d'un assez beau poli. Le pied cube pèse 187 livres ½, et coûte, rendu à Paris, 24 fr. Ce marbre n'est plus en exploitation.

Le département des Vosges fournit trois sortes de granit, le gris, le vert et le rose, dit feuille morte. Le granit gris a le fond roux marqueté de petites taches noires et blanches; celui du vert est verdâtre et se confond avec de petites taches de même couleur que celle-ci; le rose a le sien rosé violet, avec des taches noires et d'autres d'un blanc sale. Ces granits sont d'un grain fin; leur contexture est très-serrée. Le pied pèse 190 livres $\frac{1}{2}$, et revient, rendu à Paris, à 23 fr.

L'Auvergne produit le *Basalte*; il a le fond brun clair sans taches, mêlé de quelques fils gris blancs très-déliés; son grain est gros et terrasseux. Le pied cube pèse 201 livres, et revient à Paris à 36 fr. Il n'est plus en exploitation.

Le *Baleacaire* a le fond verdâtre, mêlé de taches rouges et blanches; sa contexture est bonne et est susceptible d'un beau poli. Le pied cube pèse 191 livres, et coûte, rendu à Paris, 36 fr. Ce marbre, qui ne s'exploite plus, se trouvait auprès de Saint-Gaudens, dans le département de la Haute-Garonne.

La *Griotte* dite *d'Italie* a le fond rouge cerise, mêlé de rouge plus foncé, avec des taches ou veines d'un blanc pur, et quelquefois l'un et l'autre; son grain est fin et susceptible d'un très-beau poli. Ce marbre est susceptible de beaucoup de choix et de variation dans le prix. Le pied cube pèse 192 livres, et coûte, celui de première qualité rendu à Paris, 72 fr. Ce marbre s'exploite à Caunes, à trois lieues de Carcassonne.

Le *Languedoc rouge incarnat*. Son fond est d'un rouge vif et a de larges taches, et veines d'un blanc plus ou moins pur ; son grain est fin, mais il est sujet aux terrasses. Le pied cube pèse 189 livres, et coûte, rendu à Paris, 24 fr. Ce marbre n'est plus en exploitation aujourd'hui.

Le *Languedoc* turc et le *Roquebrune* sont semblables et ne s'exploitent plus; ils ont l'un et l'autre le fond rouge pâle et quelquefois d'un ton jaune, les taches larges, d'un blanc roux ; leur grain est fin, leur contexture bonne ; ils n'ont point de terrasses, ils sont susceptibles de recevoir un beau poli. Le pied cube de ces deux marbres pèse 190 livres, et coûte, rendu à Paris, 30 fr.

Le *Gris Agate* ou *Califournie* ne s'exploite plus ; il est de quatre couleurs, le fond gris ardoise pâle, quelques taches noires irrégulières et transparentes, quelques-unes blanches et d'autres d'un rouge pâle et aussi transparentes ; sa contexture est très-serrée, il est susceptible d'un beau poli. Le pied cube pèse 190 livres, et coûte, rendu à Paris, 60 fr.

Le *Cervelas* a le fond d'un rouge de chair, entremêlé d'égale quantité de taches d'un rouge plus clair ; son grain est fin et plein ; sa contexture ressemble à celle de la Griotte; il reçoit un beau poli. Ce marbre ne s'exploite plus.

Le *Campan Isabelle* a le fond d'un rouge vif très-foncé, il a des taches transparentes d'un rouge plus clair, et des taches et veines blanches. Le pied cube pèse 160 livres, et revient à Paris à 60 fr.

La *Brèche d'Alep* est de trois couleurs principales, jaune, rouge et brun; ces couleurs sont disposées de manière à ce que l'on croirait voir des cailloux placés à côté les uns des autres; le grain de ce marbre est fin et reçoit un beau poli; son travail est difficile. Le pied cube pèse 188 livres, et coûte, rendu à Paris, 60 fr. Ce marbre, qui ne s'exploite plus, se tirait près d'Aix en Provence.

Le *Sainte-Beaume* est de trois couleurs, jaune, rouge et d'un blanc transparent; ces couleurs se trouvent mêlées presque également; ce marbre est très-beau; son grain est fin, sa contexture est plus serrée que la Brèche d'Alep. Le pied cube pèse 189 livres, et coûte, rendu à Paris, 72 fr. Ce marbre n'est plus en exploitation. On trouve dans le département des Bouches-du-Rhône trois sortes de granit, le gris, le vert et le rose, mais on n'en fait point d'usage à Paris.

Le *Sérancolin* a le fond d'un rouge de sang, des taches larges d'un jaune sale, et d'autres d'un blanc pur en forme de veines; le grain de ce marbre est fin, mais sa contexture est vicieuse. Le pied cube pèse 190 livres, et coûte 45 fr. Ce marbre, que l'on trouve dans les Hautes-Pyrénées, ne s'exploite plus.

Le *Dantin* ou *Veyrette* a le fond d'un jaune pâle, des taches et veines d'un rouge foncé, son fond est quelquefois gris et mêlé d'autant de tons rosés. Ce marbre est remarquable par la finesse de son grain. Le poids et le prix sont les mêmes que ceux du Sérancolin; il n'est plus en exploitation.

Le *Vert-Vert* a le fond d'un vert d'eau foncé avec nuances, et fondu par des blancs verdâtres; sa contexture n'est pas très-serrée et est remplie de petites terrasses. Le pied cube pèse 188 livres, et coûte, rendu à Paris, 72 fr. Ce marbre n'est plus en exploitation.

Le *Campan Vert* a le fond d'un vert foncé, des taches couleur de chair, d'autres vertes et transparentes, il s'y trouve par fois de petites taches rouges et des veines blanches; son grain est fin et sa contexture serrée, quoiqu'un peu terrasseuse ; ce marbre reçoit un beau poli. Le pied cube pèse 192 livres, et coûte 54 fr. Il ne s'exploite plus.

Le *Campan Rouge* a le fond d'un rouge de sang foncé, ses veines d'un vert de bronze, et ses taches d'un blanc couleur de chair et quelquefois verdâtre ; son grain est inégal ; il est dur au travail, surtout lorsqu'il s'y trouve des parties cuivrées qui ne peuvent recevoir le poli. Le poids et le prix sont les mêmes que ceux du Campan Vert.

Brèche des Pyrénées ou *Grosse Brèche.* Son fond est un amalgame de taches nuancées en forme de cailloux, tantôt gris, rouges, blonds, noirs et roux, comme la pierre à fusil, quelquefois d'un jaune pâle ou d'un blanc sale, et qui se trouvent enchâssés dans une espèce de mastic. Le pied cube pèse 190 livres. Ce marbre ne s'exploite plus.

L'*Albâtre des Pyrénées* est d'un blanc pur et quelquefois d'un ton roux avec des ondes transparentes. Ce marbre, tendre en sortant de la carrière, durcit à l'air ; on ne l'emploie que pour des vases. Le pied cube pèse 193 livres.

La *Brocatelle.* Ce marbre, qui se tire de l'Andalousie en Espagne, est de trois couleurs distribuées à peu près en égales proportions, et toutes en petits détails, formant un cailloutage enchâssé dans une pâte rouge. Le fond est de cette dernière couleur, ou foncé, ou violet; les taches sont petites et d'un jaune vif qui domine, d'autres tirent sur le blanc. Ce marbre est remarquable par sa beauté et la finesse de son grain; sa contexture se trouve quelquefois désunie par des veines cristallines et blanches. Le pied cube pèse 188 livres, et coûte, rendu à Paris, 90 fr.

Le *Tarentaise* ou *Gaumont*, dit le *Petit Savoyard*, a le fond rouge puce très-foncé et sablé de petits grains très-fins, les taches blanches, rosées, rouges, jaunes et quelques-unes cristallines, enchâssées comme les nœuds du bois; le grain de ce marbre est assez fin, sa contexture très-serrée. Le pied cube pèse 190 livres, et coûte 54 fr. Ce marbre, qui se tirait de la Savoie, ne s'exploite plus.

Le *Blanc Statuaire*, qui se tire près de Gênes et de Carrare, est de deux échantillons; son grain est fin et mat. Le pied cube pèse 190 livres; le grand échantillon coûte 110 fr. rendu à Paris, et le petit 80 fr.

Le *Blanc veiné* a le fond d'un blanc pur, avec des veines d'un ton gris bleu, et se tire près de Carrare. Dans presque toutes les carrières où on exploite le Blanc Statuaire, on trouve ce Blanc veiné dans le banc de dessous. Le prix de la première qualité, en grand échantillon, est de 66 fr.

La deuxième qualité a le grain aussi fin, mais sa couleur est d'un blanc roux mêlé de jaune, comme s'il était rouillé; au lieu de veines bleuâtres, elle n'a que des taches. Le pied cube revient à 54 fr.

Le *Bleu Turquin*. Le fond de ce marbre est bleu ardoise clair, les veines larges, blanches et transparentes; il est d'un grain très-fin, et reçoit un aussi beau poli que le précédent. Le pied cube pèse 190 livres; la belle qualité et le grand échantillon revient à 66 fr.; la deuxième qualité, dont les veines sont d'un blanc roux, revient à 60 fr.

Bleu Antique ou *Bleu Panaché* a le fond d'un bleu noir et très-chargé de taches d'un bleu azuré. Le pied cube pèse 190 livres, et coûte 60 fr. Il se tire également près de Carrare.

Le *Portor* a le fond d'un beau noir, avec des veines d'un jaune plus ou moins vif. Ce marbre est d'antant plus estimé, que ses veines se rapprochent de la couleur d'or. Ces veines jaunes sont des parties terrasseuses qui ne sont jamais assez pétrifiées pour recevoir un aussi beau poli que le restant de la matière. Le pied cube pèse 189 livres $\frac{1}{2}$, et coûte, rendu à Paris, 80 fr. Ce marbre s'exploite dans les environs de Carrare.

Le *Jaune de Sienne* a le fond d'un beau jaune vif, sur lequel se trouvent des demi-teintes d'une autre espèce de la même couleur, avec des veines d'un ton noir, plus ou moins déliées et placées dans tous les sens. Ce marbre, dont le grain est très-serré et fin, est un des plus estimés. Le pied cube pèse 190 livres ; le prix, en moyen échantillon, est de 160 fr. ; le pied cube de petit échantillon se vend 130 fr.

Le *Jaune de Vérone* a le fond d'un jaune paille foncé, ses veines d'un ton brun et si déliées qu'elles sont presque imperceptibles : son grain est fin, sa contexture plus parfaite que celle du précédent. Le pied cube pèse 190 livres, et revient à Paris à 100 fr.

La *Brèche Violette* a le fond très-brun, de larges taches violettes plus ou moins foncées et souvent transparentes, qui se trouvent entremêlées d'autres taches et vineuses. Ce marbre est très-estimé, surtout lorsque le violet domine ; son grain et sa contexture sont serrés. Le pied cube pèse 198 livres, et coûte, rendu à Paris, 90 fr. Cemarbre s'exploite aux environs de Carrare.

La *Brèche Africaine* a le fond d'un brun violet, couvert en grande partie de larges taches, tantòt blanches et tantôt d'un ton violet transparent. Ce marbre a le grain fin; son exploitation a lieu dans les environs de Carrare. Le pied cube pèse 195 livres, et coûte 130 fr.

L'*Africain* a le fond vert noir sablé de blanc, et quelquefois vert clair et vif, il a quelques larges taches blanches, transparentes et mêlées de tons gris, bleus et d'un rouge de chair; on y remarque quelques taches ou cailloux d'un vert foncé et opaque. Ce marbre est très-plein, sa contexture serrée ; quoique diffile au travail, il reçoit un beau poli; il coûte 110 fr. le pied cube.

La *Brèche*, dite de *Venise*, se trouve près de Vérone. Ce marbre a le fond bleu, des taches d'un rouge pâle, d'autres d'un rouge cramoisi, et toutes très-grandes. Il coûte 150 fr. le pied cube.

Le *Vert de Vérone* a le fond vert foncé chargé de beaucoup de taches blanches ; son grain est fin, sa contexture très-serrée et difficile au travail. Le pied cube pèse 188 livres, et vaut 115 fr.

Le *Vert de Gênes* a le fond vert noir, semblable à celui de vessie, beaucoup de veines blanches très-déliées, formant nuages sur ce fond, et quelques petites taches d'un rouge cerise. Ce marbre a le grain fin, la contexture serrée. Le pied cube pèse 187 livres, et coûte 110 fr.

Le *Vert*, dit d'*Égypte*, qui s'exploite dans les environs de Carrare, a le fond d'un vert très-foncé, les veines blanches, transparentes et en grande quantité, quelques taches d'un rouge vif et des parties vaporeuses couleur de sang ; le grain de ce marbre est fin, mais il est d'une contexture inégale. Son poids est de 189 livres, et coûte, rendu à Paris, 125 fr.

Le *Vert de Mer* se tire des mêmes carrières que le précédent, et lui est en tout semblable, si ce n'est qu'il n'a pas comme le dernier de grandes masses rouges transparentes sur le fond, et qu'il est d'un vert plus clair. Le pied cube revient à Paris à 115 fr.

Le *Jaspe de Sicile* a le fond couleur

café, des taches larges et couleur de chair, d'autres d'un rouge de sang, et quelques petites veines blanches; d'autres fois le fond rouge de sang, des bandes en forme de rubens, transparentes et d'un rouge plus clair, des accidens d'un jaune vif et quelques filets blancs. Le pied cube pèse 190 livres, et coûte 150 fr. Ce marbre n'est plus en exploitation.

L'*Albâtre Oriental fleuri* a le fond jaune brun, couleur de café clair, avec des veines grises et rousses par longues bandes; ce marbre, dont le grain est très-serré, est très-transparent. Le pied cube pèse 191 livres, et coûte 150 fr. Ce marbre n'est plus en exploitation, il se tirait de Bergame près Venise.

Le *Vert Antique*. Ce marbre est d'une rare beauté, et est de deux espèces, l'un d'un vert très-foncé, et l'autre transparent: parmi ces couleurs il se trouve des petites taches blanches.

Le *Jaune Antique* a le fond d'un jaune pâle et des taches d'un ton rosé, mais extrêmement légères. La *Brocatelle Antique* est un porphyre rouge, portant des taches d'un jaune Isabelle, et des nuances grises. Ces différens marbres se tirent de la Grèce et de la Turquie d'Europe.

Le *Serpentin* a le fond vert très-foncé, les taches et les veines plus claires, quelques-unes jaunâtres. Le pied cube pèse 204 livres. Il s'exploite sur les côtes d'Egypte.

Le *Cipolin* a le fond vert foncé, des parties ondées, les unes d'un vert couleur de mer, les autres blanches avec quelques larges taches de même ton; ce marbre, bien qu'ayant un grain serré, ne reçoit pas un beau poli. Le pied cube pèse 190 livres Il s'exploite sur les côtes de Tripoli.

Le *Vert de Poreau* est d'un vert très-foncé, avec des veines cristallines, qui par leur reflet rendent les tons plus clairs.

Le *Porphyre Rouge* a le fond d'un rouge foncé, couleur pourpre, et semé de petites taches blanchâtres, qui parfois sont noires et brillantes. Le pied cube pèse 198 livres.

Le *Porphyre Vert* est d'un vert foncé, avec des taches noires plus grandes que celles du précédent. Le pied cube pèse 201 livres.

Ces marbres viennent d'Afrique et des côtes d'Egypte; on trouve aussi sur les mêmes côtes des granits gris rosés et verts. Ces marbres depuis le Vert Antique jusqu'au Porphyre sont tous antiques, et ne se trouvent dans le commerce qu'en très-petits échantillons, par conséquent n'ont point de valeur fixe.

Il existe près de Château Landon une espèce de granit connu sous le nom de *Pierre de Château-Landon*; on se servait à Paris de cette pierre il y a quelques années pour les trottoirs et bornes; mais aujourd'hui elle est remplacée avantageusement par la *Pierre de Volvic*, dans le département du Puy-de-Dôme.

Les marbriers se chargeant du carrelage des *carreaux de Liais*, nous allons donner quelques détails sur ce genre d'ouvrages.

Le carreau de Liais se tire des plaines de *Maisons* et de *Creteil*, ainsi que les bandes qui servent à leur encadrement; ils sont carrés ou octogones, et se débitent dans des échantillons de 6 à 12 p. ; leurs bandes portent de 8 à 12 p. de large sur diverses longueurs, et tous deux de 10 à 11 lignes d'épaisseur; ils se vendent l'un et l'autre à la toise superficielle, compris le transport à l'atelier.

Le carreau de marbre noir de Dinan se débite comme l'ardoise, c'est-à-dire que l'on débite chaque bloc dans des épaisseurs de 4 à 12 lignes pour en faire des carreaux. On les équarrit ensuite, et le poli brut de leur parement visible se fait par le moyen d'une meule montée verticalement et mue par l'eau, sous laquelle on jette de l'eau et du grès; par ce moyen on en dresse la surface assez bien pour pouvoir être lustré. Chacune de ces meules polit en peu de temps 500 carreaux de 5 °., et les ouvriers en équarrissent 300 dans un jour.

Les carreaux s'envoient ensuite dans des tonneaux qui contiennent environ 4 pieds cubes pesant à peu près 700 livres.

Prix du cent de carreaux.

Le pied cube, formant 150 carreaux de de 5 °. sur 5 lignes d'épaisseur, et les frais de son transport à Paris revient, à 11 fr.

Ainsi le cent de carreaux noirs de Dinan, revient, rendu à Paris, compris les frais.

	Carrés	Epaisseur.	fr.
De	5 pouces et	5 lignes.	18
Id.	4 °. 7 l. et	5 l.	17
Id.	4 °. 2 l. et	4 l.	16
Id.	3 °. 9 l. et	4 l.	15

	Carrés.	Epaisseur.	fr.
De	3 °. 4 l.	et 4 l.	14
Id.	2 °. 11 l.	et 4 l.	13
Id.	2 °. 7 l.	et 3 l. ½.	12
Id.	1 p.	et 1 °.	160
Id.	11 °.	et 1 °.	140
Id.	10 °.	et 11 l.	120
Id.	9 °.	et 11 l.	100
Id.	8 °.	et 10 l.	80
Id.	7 °.	et 10 l.	65
Id.	6 °.	et 10 l.	50

Les carreaux de marbre blanc veiné reviennent la pièce :

	Carrés.	Epaisseur.	fr.	c.
Ceux de	12 °.	1 °.	3	75
Id.	11 °.		3	10
Id.	10 °.		2	55
Id.	9 °.		2	5

Les carreaux de bleu de Turquin reviennent la pièce :

	Carrés.	Epaisseur.	fr.	c.
Ceux de	12 °.	et 1 °.	3	75

	Carrés.	fr.	c.
Id.	11 °.	3	10
Id.	10 °.	2	55
Id.	9 °.	2	5

Les marbriers tirent le Liais dont ils se servent pour faire des chambranles en pierre, aussi-bien que pour doubler les chambranles en marbre, des plaines d'Arcueil. Ce Liais porte 12 °. d'appareil, et se réduit à 10 lorsqu'il est ébousiné ; mais, pour éviter un déchet aussi considérable dans l'équarrissage, on n'en ôte pas la croûte , on la fait servir aux noyaux , et le cœur de ce Lyais sert à des dallages de terrasses et autres ouvrages.

Dans la marbrerie on distingue trois sortes d'ouvriers : les scieurs, les marbriers et les polisseurs.

Les scieurs sont occupés à débiter en tranches ou dalles les blocs de marbre ou de pierre ; ces ouvriers travaillent ordinairement à leur tâche.

Il existe deux manières de compter les sciages : la première se paie au pied superficiel de trait de scie pour tout débit de bloc en tranches, la mesure en est prise dans la plus forte dimension de l'objet ; la seconde regarde toute tranche débitée de largeur convenable, ainsi que les coupes de carreaux; et, quelle que soit la longueur du trait, ce sciage se paie progressivement par chaque pouce de hauteur.

Pour débiter les tranches, on réunit plusieurs morceaux bout à bout, de manière que le trait ait au moins 6 pieds de long et au plus 7 pieds 6 pouces; on les scelle ensuite en plâtre sur une dalle en pierre, c'est ce qu'on appelle mariage; tant que les sciages ne dépassent pas 7 pieds 6 pouces de long sur 3 pieds de hauteur, les prix ne changent pas; mais lorsque la largeur ou la hauteur dépasse les dimensions énoncées, le prix augmente de 10 centimes par pied superficiel, et de 20 centimes dans l'un et l'autre cas.

Les blocs épais ne sont scellés que dessous; lorsqu'ils sont minces, on ajoute de petits tasseaux sur les côtés, et une dalle de la dimension de la tranche que l'on veut lever, quand les marbres sont sujets aux terrasses, afin de pouvoir, après son débit, la transporter sans la rompre; elle reste dans cet état sur le chantier jusqu'après avoir été taillée ou polie.

Le bon sciage dépend de l'étendue du trait, dont la régularité dans tous les sens est d'autant plus difficile à obtenir, que la scie a plus de longueur et de hauteur à parcourir.

La taille des marbres se fait soit à la tâche ou à la journée. Les ouvriers à la tâche fournissent leurs outils, dont l'entretien et raccommodage sont aux frais de l'entrepreneur. Les ouvrages sont toisés et réduits au pied superficiel, soit pour équarrissage, soit pour taille de paremens et de moulures; le montage des pièces et l'ajustement de la pierre leur sont payés par estimation et à la pièce.

Le travail des marbriers consiste à préparer le marbre brut, à équarrir toutes les bandes, à dresser les paremens bouges ou à gradiner les croûtes des blocs, à les layer au ciseau, à couper à la pointe ou à sciotter chaque morceau de longueur et quelquefois de largeur.

Les polisseurs travaillent à la tâche ou à la journée; ceux à la tâche sont comptés et mesurés au pied superficiel de poli, toutes les surfaces visibles en sont développées.

La première opération du polissage s'appelle *égrisage;* elle consiste à frotter pendant un certain temps le marbre avec un morceau de grès, ou bien avec un fer ou un bois, si ce sont des moulures ou leurs carrés.

La deuxième opération, appelée *rabattre*, consiste à frotter le marbre pour la seconde fois; au lieu de grès on se sert d'un sable doux, et pour molette de morceaux de faïence de rebut, qui n'ont subi qu'une première cuisson et qui n'ont point été émaillés, ou mieux encore d'une pierre de Gothland, avec de la terre à four qui est un argile mêlé de sable, et le plus souvent avec de la pierre-ponce en poudre, que l'on frotte sous la pierre de Gothland.

La troisième opération consiste, lorsque les marbres sont terrasseux, à y placer du *mastic*.

La quatrième opération, appelée *adoucir*, consiste dans l'usage de l'eau et d'une pierre-ponce des plus dures.

La cinquième opération s'appelle *piquer* ou *plombage*; pour le *piquer* on emploie un bouchon de linge fin, du plomb en limaille et de l'émeri réduit en poudre impalpable, qui, après avoir servi au poli des glaces, est ramassé et moulé en pains pour cet usage.

Le *plombage* s'emploie pour les marbres sujets aux grains de cuivre, comme les brèches et marbres verts, au lieu de bouchon de linge on se sert d'une espèce de molette de plomb avec de l'émeri et de l'eau.

La sixième opération, que l'on appelle *relever*, consiste à donner le lustre que chaque espèce de marbre est susceptible de recevoir. Pour y parvenir, on lave les surfaces qui doivent recevoir le poli, et, lorsqu'elles sont ressuyées, on fait usage du bouchon de linge, seulement humecté d'eau avec de la *potée* réduite en poudre. On frotte ensuite à sec avec la même poudre, ce qui achève de donner le poli.

La potée s'emploie en y joignant du noir de fumée, pour tous les marbres de couleur; et la seconde, qui est d'un gris de soufre, s'emploie pour les marbres blancs.

La potée d'étain se vend 6 fr. la livre; la potée rouge 1 fr. 20 cent.; l'émeri 1 fr. 20 c.; la pierre-ponce 70 cent, et le rabat 50 à 60 cent. le sac.

La journée d'été des scieurs commence à 6 heures du matin et finit à six heures du soir; elle est payée.	4	50
La journée d'été des marbriers		

est de 13 heures, dont 2 heures pour les repas. . . . . 4 »

La journée des polisseurs. . . . 3 50

Les fournitures sont payées à part.

La journée d'été des ouvriers carreleurs commence à six heures du matin et finit à six heures du soir; elle est payée, compris le temps d'un garçon qui sert à deux ou trois carreleurs. . . . . . . 6 »

Les journées d'hiver se règlent suivant le temps employé.

Les entrepreneurs de marbrerie ont des faux frais assez considérables. Ainsi, dans un atelier composé de six scieurs, huit marbriers et huit polisseurs,

On a calculé que les six scieurs, à 4 fr. 50 c., présentaient au bout de l'année une somme de. 8,640

Le tiers de la location du chantier à raison de. 400

La patente de 30 fr., dont le tiers est de. 10

8 fers à scie à fournir par année à chacun des scieurs, à raison de 12 fr. pièce.	576
12 muids de plâtre pour sceller les blocs de marbres sur dalles, ou bout à bout à raison de 16 fr. .	192
Frais de monture de chaque scie, leur entretien évalué pour chacune à 10 fr.	60
Démontages des scies ordinaires pour débiter des blocs de largeur ou hauteur extraordinaires, estimés à 24 fr. pour chaque scieur.	144
Vingt tomberaux de vieux pavés par année, à raison de 3 fr. 50 cent.	70
Total de la main-d'œuvre et des faux frais des sciages.	10,692

Faux frais de la taille et polissage des marbres.

8 marbriers à raison de 4 fr.

par jour, et 8 polisseurs à raison de 3 fr. 50 c., donnent à la fin de l'année une somme de. . . . 19,200

Location d'un atelier couvert et d'un magasin servant à déposer les ouvrages finis. 800

La patente, deux tiers. . . . 20

Fournitures et entretiens des sciottes, crics, chèvres, cordages, pinces, rouleaux, bêches, pioches. 74

12 sébilles ou auges à 2 fr. 50 cent. 30

Entretien des outils en fer fournis par les ouvriers dans la quantité de 400 par mois, à raison de 5 fr. par cent. 240

Fourniture et entretien des règles, des niveaux et tamis pour le plâtre. 30

Fourniture du mastic gras propre à assembler des morceaux de marbre et à mastiquer les défauts, 12 fr. par mois; 6 pains par mois de spath ou mastic de fontainier mélangé avec du mastic gras, à raison de 4 fr., 1 fr. pour l'année. 168

Temps employé par chaque ouvrier passé à réparer les marbres neufs cassés par des fils, compris fourniture du mastic, charbon et fers pour les agrafes nécessaires à ces réparations, à 20 fr. chaque par année. 160

24 muids de plâtre par année, à raison de 16 fr., donne. . . . 384

Quatre tombereaux de grès à l'usage des polisseurs, à 3 fr. 50 cent., donne. 14

Six voitures par semaine pour le transport des ouvrages de l'atelier au bâtiment, à raison de 2 fr. 50 cent., donne pour l'année. 792

Un garçon employé à l'année à raison de 2 fr. 75 cent. pour les gros ouvrages du chantier, produit. 880

Huit voies de gravats par mois.

provenant du chantier et de l'atelier, à raison de 3 fr. par mois, produit. 288

Total de la main-d'œuvre et des faux frais pour les marbriers et polisseurs. 23,040

Les faux frais pour les carrelages ne sont comptés que pour $\frac{1}{8}$ de la main-d'œuvre.

Les déchets d'équarrissage, de coupe et de taille sur mauvais seiage, sont évalués au $\frac{1}{10}$ de la matière en œuvre pour tous les marbres en tranches et comptés en superficie ; et au $\frac{1}{8}$ pour ceux comptés en cube.

Pour la pierre les déchets se comptent ainsi : la pierre employée en revêtemens et noyaux propres à monter des chambranles un $\frac{1}{6}$ de la matière en œuvre ; $\frac{1}{4}$ pour celle destinée aux chambranles ; $\frac{1}{6}$ y compris le déchet du trait de seie et de l'ébousinage, pour la pierre servant aux dalles de terrasses et autres qui serait débitée dans des blocs de Liais d'Arcueil, et pour des dalles prises dans de la bande à carreaux employée à doubler des chambranles, $\frac{1}{10}$ seulement en ce que ce déchet ne porte que sur l'équarrissage.

TOISÉ
DE LA MARBRERIE.

Toisé des marbres et de la main-d'œuvre.

Les marbres sont mesurés et comptés en cube, à l'exception de ceux que le commerce livre débités en tranches, et qui s'emploient en dalles, revêtemens tablettes, carreaux, etc., qui sont comptés en superficie. On ajoute au cube de la matière en œuvre, trois sur l'épaisseur de chaque tranche pour le déchet du trait de scie.

Tout morceau d'une autre forme que celle rectangulaire, comme console galbée, sera mesuré dans sa largeur réduite prise au milieu. Le marbre mesuré de cette manière, ne comprendra que la matière et son déchet; la main-d'œuvre sera comptée séparément.

Les chambranles dits à la capucine, et

4*

ceux qui viennent de la Flandre, sont comptés à la pièce. On indique alors l'espèce de marbre et son épaisseur, la forme du chambranle, sa longueur, sa hauteur, la dimension de la tablette et celle du foyer.

Les sciages sont comptés en superficie et séparément de la matière ; que les faces soient visibles ou non, on les évalue comme sciages entiers et jamais comme demi-sciages ; la longueur et la largeur de chaque pièce forment la dimension des sciages. On n'en compte aucun sur l'épaisseur depuis 6 lignes jusqu'à trois pouces, ces débits étant comptés par les équarrissages.

Les sciages forment autant de classes et de prix différens, selon les diverses espèces de marbre.

La taille des marbres se divise en équarrissage, en taille apparente, taille brute, et l'ébauche.

Les équarrissages ordinaires ou coupes à la sciotte, sont comptés à 3 pouces de taille par chaque pied linéaire; chaque pied linéaire vaut un quart de pied superficiel. Telles sont les tablettes de cheminée, de foyer, celles intérieures des pilastres, des arrière-corps.

Les mêmes équarrissages mais cintrés, ceux qui sont droits et avec taille préparatoire, comme pour former arrière-corps sur le devant d'une tablette, se mesurent dans leur longueur réelle, excepté que, pour chaque angle rentrant et formant tête, il sera ajouté trois pouces de coupe ou équarrissage préparatoire, six autres pouces en sus pour ébauche, ce qui porte les équarrissages à neuf pouces de taille par pied linéaire.

Les équarrissages pleins qui se font sur des épaisseurs non isolées, où il faut conserver les arêtes vives nécessaires au raccordement, se comptent à six pouces courant de taille par pied linéaire.

Les équarrissages faits pour les joints de réunion qui se trouvent visibles, tous ces joints seront comptés pour neuf pouces de taille par pied linéaire : dans le cas où ils seront simples, comme les joints des revêtemens qui joignent les pilastres, ils ne seront comptés qu'à 6 pouces. Chaque ciselure sera comptée à trois pouces de taille.

Les joints des bandes qui se réunissent bout à bout comme pour des socles, des plinthes, et qui n'auront point été démaigris, seront comptés, les deux ensemble, pour neuf pouces courant, et ceux qui ne seront démaigris que sur une des deux arêtes, ne seront comptés qu'à six pouces. Ces évaluations sont faites pour des tranches de 12 et 15^{l}: celles qui n'en auront que 6 vaudront un tiers de moins; celles de 18 lignes, un quart en sus; et celles de 2 pouces, moitié en sus; celles de 3 pouces et au-dessus seront considérées comme taille de parement brut, et on ajoutera 3 pouces pour chaque arête visible, soit horizontale, soit verticale.

Les joints des marbres de 3 à 4 pouces d'épaisseur, comme ceux des pilastres carrés, seront comptés, le simple à 12 pouces courant, le double à 18 pouces par pied linéaire; le sciage au droit de ces parties sera compté en sus.

Toutes feuillures cachées de 6 à 12 lignes, comme celles qui se trouvent derrière des pilastres propres à recevoir des revêtemens, seront comptées à 6 pouces de taille par pied linéaire; celles de 4 à 8 lignes, visibles et ayant deux arêtes vives, seront pour même valeur.

Les fortes feuillures visibles ou élégissemens d'avant-corps, de 2 pouces sur 1 pouce de profondeur, se comptent à 12 pouces de taille.

Les tailles ébauchées ou entailles brutes

seront comptées : celles faites en marbre de 12 lignes, à 3 pouces courant ; celles en marbre de 3 à 4 pouces d'épaisseur, à 6 pouces de taille par pied linéaire. Les ébauches, ou épannelages en pans coupés derrière les pilastres carrés, seront comptés de même.

Les tailles sur paremens visibles pour former des avant ou arrière-corps dans des socles, des bandeaux, ainsi que pour faire le dégagement d'une moulure, seront mesurées dans leur longueur réelle, dans le développement de laquelle on ajoutera 3 pouces pour chaque angle rentrant. Cette longueur sera multipliée pour la largeur de ce surbaissement, et on réduira ainsi les surfaces :

Les tailles de 6 lignes de profondeur seront comptées à taille et demi ; celles de 12 lignes, à double taille ; et celles de 2 pouces de profondeur, à triple taille : l'ébauche et la taille dessous sont comprises dans cette évaluation. Il n'est point compté d'équarrissage pour toutes les épaisseurs cachées.

Les joints coupés d'onglet en marbre de 12 lignes d'épaisseur, seront comptés à 12 pouces de taille par pied linéaire de chaque bande ou coupe simple.

La taille pour ébaucher et finir chaque moulure se compte ainsi :

Chaque membre de moulure est compté pour 6 pouces de taille.

Chaque filet a la même valeur par pied linéaire pour les moulures qui auront 6 à 15 lignes d'étendue ; celles de 3 à 5 lignes, seront comptées $\frac{1}{6}$ en sus ; celles de 2 pouces, moitié plus ; celles de 3 pouces, une fois en sus ; celles de 4, à 2 fois ; et enfin, celles de 6 pouces, à 3 fois ; de manière qu'au lieu d'être comptées pour 6 pouces, ces dernières le seront pour 2 pieds, et leur filet aura la même valeur.

Dans les diverses évaluations se trouvent compris tous les épannelages ou tailles préparatoires qui servent à former le contour de chaque moulure.

Pour compenser les coupes qui ont lieu pour toutes les grandes parties portant moulures, il est compté, en outre de la moulure, un équarrissage réduit à 3 pouces courant.

Pour les petits développemens de moulures, tels que ceux des chapiteaux, de pilastres, de colonnes et autres petites parties, il ne sera rien compté pour les équarrissages ; mais il sera ajouté 3 pouces à la longueur réelle de chaque angle saillant ou rentrant.

La mesure pour toute moulure sera prise, s'il y en a plusieurs réunies, sur celle qui présentera le plus de développemens ; ce procédé sera commun au mesurage de toutes les mesures.

Les moulures circulaires en plein ceintre seront comptées moitié en sus des parties droites, les autres cintres en proportion.

Les tailles faites sur des marbres débités en tranches, afin de dresser des seiages bouges, tailles qui ne sont qu'accidentelles, seront comptées pour tailles entières, sur les corps carrés pour chambranles, etc. Il sera compté de ces tailles de paremens sur autant de faces qu'il y en aura de visibles. On ajoutera à ces développemens 3 pouces pour chaque arête conservée, ainsi que pour tout parement visible qui aura lieu sur des marbres de 2 pouces ½ à 3 pouces.

Dans tous ces cas les équarrissages seront considérés comme taille de paremens, et compris pour leur surface réelle, en ajoutant dans leur développement toutes les arêtes visibles, verticales ou horizontales.

Les épaisseurs circulaires qui se trouvent

sur la face des consoles galbées, seront comptées au double de la largeur réelle.

Les tailles circulaires, pour colonnes de chambranles, seront développées sur le contour réel en œuvre pris au milieu et comptées à 5 fois ½.

Le développement comprendra la taille précise et tous les épannelages, de manière qu'une colonne de 12 pouces de pourtour sera comptée pour 5 pieds 6 pouces, que l'on multipliera par la hauteur du nus.

Quant aux moulures circulaires pour les tambours de chapiteaux, chacune d'elles sera comptée pour 6 pouces, et sa longueur réelle pour 3 fois un tiers. Ainsi, un chapiteau de 12 pouces de pourtour, sera compté pour 3 pieds 4 pouces.

Les évidemens circulaires faits à la sciotte et équarris ensuite, seront comptés à 15 pouces de taille par pied linéaire.

Les entailles faites dans les marbres pour noyer l'épaisseur des agrafes de fer ou de bronze, seront comptées pour 12 pouces, y compris les trous des crampons.

Les trous, les ajustemens des agraffes et goujons, qui lient entre elles les pièces de marbre, seront comptés chacun, compris le temps de monter les marbres, à 3 pouces de taille. Chaque incrustement fait dans des traverses, pour ajuster des bronzes, sera compté $\frac{1}{2}$ pied de taille.

Les entailles carrées ou rondes faites dans les tables de poêles, seront comptées à 6 pouces de taille.

Les forts évidemens seront comptés en cube ; les tailles layées faites à la gradine d'après les évidemens qui produisent les paremens propres à recevoir le poli, seront comptées à taille et un tiers, soit droite, soit circulaire.

Les polissages sur grandes surfaces seront mesurés d'après leur existence, sans rien ajouter au développement.

Toutes les épaisseurs de marbre en tranches, appartenant à de grandes surfaces, seront évaluées pour ce qu'elles seront, et comptées en cubes. Si ce marbre est compté en superficie, les épaisseurs ne seront pas mesurées séparément de la matière.

Les épaisseurs de pilastres et généralement celles dépendantes de bandes étroites ayant plus ou moins de 12 lignes de largeur, seront développées pour 3 pouces de polissage.

Les astragales ou les corps carrés isolés sur trois faces qui auront deux arêtes polies, les épaisseurs formant paremens, seront portées à six pouces de polissage par pied linéaire; il en est de même des bandes qui ont depuis 2 pouces jusqu'à 6. Chaque angle vertical devra être porté pour 3 pouces dans le développement de ces parties étroites.

Les bandes de 3 à 6 pouces de large pour les faces d'un pilastre, d'une console galbée, d'un socle et de tout autre semblable corps carré, ne seront comptées que pour leur largeur réelle, et on ajoutera dans les développemens 3 pouces pour chaque angle saillant ou rentrant; aux largeurs au-dessus de 6 pouces, il ne sera rien ajouté pour les arêtes. Dans le développement des épaisseurs comptées à 3 pouces courant, il sera ajouté à leur longueur réelle 6 pouces pour chacune des parties faisant ressort.

Chaque membre de moulure, portant jusqu'à 2 pouces de largeur, comptera pour 6 pouces; celui de 3 pouces, pour un quart en sus; celui de 4, moitié de plus; et enfin celui de 6 pouces, sera porté aux trois quarts en sus des premiers.

Chaque angle et petit retour d'angle seront comptés comme pour les bandes étroites et les épaisseurs à 3 pouces; pour les bandes de 2 à 6 pouces de largeur, ils le seront à 6 pouces ; les épaisseurs sur corps carrés, comme astragales, socles, etc., seront comptées pour 3 pouces de développement.

Les polissages des colonnes et de tous les corps ronds, soit pour le nu, soit pour les profils, à 2 fois $\frac{1}{4}$ de leur développement réel pris au milieu de l'objet.

Toute moulure circulaire, plein cintre en élévation, sera comptée moitié en sus des parties droites. Les autres cintres le seront en proportion.

Le polissage des foyers unis et de toute autre grande partie, exigeant moins de soins que pour un chambranle, sera réduit au $\frac{2}{3}$ du poli ordinaire ; quant aux foyers à bandes, le poli sera réduit aux $\frac{5}{6}$.

Lorsque les polis auront été faits accidentellement sur paremens taillés d'après un sciage, ces polis seront augmentés de $\frac{1}{6}$ de plus.

La pierre de liais, employée à doubler les revêtemens et travers de chambranles montés sur noyaux, sera mesurée pour ce qu'il y aura de matière en œuvre et en cube. Le sciage pour débit, équarrissage, scellement et montage de la matière sur les marbres, sera comprise dans l'évaluation de la pierre.

Les dalles de 10 à 12 lignes d'épaisseur servant à doubler certains chambranles et foyers, seront comptées en superficie et mesurées pour la portion de matière qui sera en œuvre.

La pose des chambranles se fera par estimation, en indiquant s'ils sont avec ou sans foyer; cette estimation comprendra la fourniture du plâtre et des agrafes.

Le nettoyage ou polissage des vieux chambranles sur place, sera estimé à la pièce; on indiquera leur forme, et s'ils ont été repassés au bouchon, et s'ils ont été repolis en tout ou en partie. Le nettoyage, le ponçage et l'adouci des figures, seront à la pièce ou en surface.

Le carrelage sera mesuré et compté en superficie, tout vide sera déduit; les bandes d'encadrement, des carreaux de liais et marbre, seront comptées séparément et réunies à la classe des carrelages faits tout en liais. Le prix comprendra la pose, la fourniture du plâtre, le ragrément qui s'en fait après la pose.

Dans l'énoncé des diverses sortes de carrelages, on indiquera l'espèce de matière, l'espèce du marbre, l'échantillon du carreau; on fera connaître son épais seur lorsqu'il sera d'un autre marbre que le noir de Dinan.

Dans le toisé des vieux carreaux, on devra dire s'ils ont été déposés avant d'être reposés, si on n'en a pas rafraîchi quelques joints, si on ne les a pas équarris en partie ou en totalité.

PRIX DES MARBRES.

	fr.	c.
Marbre Sainte-Anne, Franchimont, Cerfontaine; le pied cube de ces marbres, rendu à l'atelier, compris les déchets, casses et accidens, etc., le $\frac{1}{6}$ de bénéfice, coûte.	30	9
Le mètre cube.	880	64
Marbre Feluil, rendu à l'atelier, compris déchet, etc., le pied cube.	32	81
Mètre cube.	957	7
Marbre noir de Dinan, première qualité, rendu à l'atelier, etc., le pied cube.	47	25
Le mètre cube.	1378	28
Griotte d'Italie, rendue à l'atelier, etc., le pied cube.	94	50
Mètre cube.	2756	56
Marbre Languedoc incarnat, rendu à l'atel., etc., le pied cube.	43	32
Mètre cube.	1263	64

	fr.	c.
Marbre Sérancolin, rendu à l'atelier, etc., le pied cube. . .	59	7
Le mètre cube.	1723	7
Marbre Vert-Vert, rendu à l'atelier, etc., le pied cube. . .	94	50
Le mètre cube.	2756	56
Marbre Campan rouge ou vert, rendu à l'atel., etc., le pied cube	70	88
Le mètre cube.	2067	67
Brocatelle d'Espagne, rendu à l'atelier, etc., le pied cube. . .	118	13
Le mètre cube.	3445	85
Marbre Tarentaise ou Savoyard, rendu à l'atelier, etc., le pied cube.	70	88
Le mètre cube.	2067	57
Marbre blanc statuaire petit échantillon, rendu à l'atel., etc., le pied cube.	105	»
Le mètre cube.	3062	85
Marbre veiné, première qualité, rendu à l'atelier, etc., le pied cube.	86	63
Mètre cube	2527	»

	fr.	c.
Marbre bleu turquin, rendu à l'atelier, etc., le pied cube. . .	86	63
Le mètre cube.	2527	»
Marbre Portor, rendu à l'atelier, etc., le pied cube.	105	»
Le mètre cube.	3062	85
Marbre jaune de Sienne, petit échantillon, rendu à l'atelier, etc., le pied cube. . . .	170	63
Le mètre cube.	4977	28
Brèche violette, rendue à l'atelier, etc., le pied cube. . . .	118	13
Le mètre cube.	3445	85
Marbre vert de mer, rendu à l'atelier, etc., le pied cube.	150	94
Le mètre cube.	4402	92
Vert d'Égypte, rendu à l'atelier, etc., le pied cube.	164	7
Mètre cube.	4785	92
Jaspe de Sicile, rendu à l'atelier, etc., le pied cube. . . .	196	88
Le mètre cube.	5742	99

Marbres en tranches comptés à la toise ou au pied superficiel pour tablettes, etc.

Franchimont, Cerfontaine, ou Senzielle, en tranches de 12 lignes d'épaiss.

Le marbre rendu au chantier, le déchet pour les coupes, équarrissage, etc., $\frac{1}{10}$; temps pour les équarrissages et coupes à la scie ou sciotte; temps du polissage, du parement, y compris celui des épaisseurs; temps de la pose accidentelle; faux frais un $\frac{1}{5}$ de la main-d'œuvre, bénéfice un $\frac{1}{6}$ du tout :

	fr.	c.
Les 36 pieds superficiels valent.	145	81
Le pied superficiel.	4	5
Le mètre superficiel	38	38

Les mêmes marbres de 18 lignes d'épaisseur.

Mêmes détails que ci-dessus : la toise superficielle.	207	7

	fr.	c.
Le pied superficiel.	5	74
Le mètre superficiel.	54	49

Marbre Sainte-Anne, tranches de 12 *lignes d'épaisseur.*

Même détail.

La toise superficielle.	154	42
Le pied superficiel	4	29
Le mètre, *id.*	40	64

Le même marbre de 18 *lignes d'épaisseur.*

Même détail que ci-dessus.

La toise superficielle. . . .	213	38
Le pied superficiel.	5	93
Le mètre *id.*	56	15

Marbre Feluil, en tranches de 12 *lignes d'épaisseur.*

Même détail.

La toise superficielle.	156	73
Le pied, *id.*	4	35
Le mètre, *id*	41	24

Le même, 18 lignes d'épaisseur.

Même détail.

	fr.	c.
La toise superficielle.	218	»
Le pied, *id.*	6	6
Le mètre, *id.*	57	37

Marbre Sainte-Anne en tranches de 12 lignes, employées en foyers, et doublées en dalles ou bandes de Liais de 15 lignes d'épaisseur.

La toise superficielle.	170	84
Le pied, *id.*	4	75
Le mètre, *id.*	44	96

Les sciages se comptent au pied ou au mètre superficiel ; le sciage comprend le temps employé à scier ; le déchet dans les sciages, par les coupes et équarrissages, un 12.

Faux frais pour fourniture de scie, plâtre, grès $\frac{1}{6}$, et le bénéfice de $\frac{1}{6}$ du tout ; on les compte ainsi :

	fr.	c.
Albâtre des Pyrénées, le pied superficiel.	1	2
Blanc statuaire, blanc veiné, noir de Caen, le pied superfic.	1	31
Albâtre oriental, le pied superficiel.	1	38
Bleu turquin, et bleu antique, *id.*	1	46
Le Rance, le Cerfontaine, le Senzielle, le Traîneau, le Franchimont, le Merlemont, le Saint-Rémi, le Malplaquet, le Rouge de Laval, *id.* de Caen, le Château-Landon, le Bourbonnais gris et le Lumaquelle à petites coquilles ; coûte le pied superficiel de sciage.	1	53
La griotte de Flandre, le Voldené, le Solure, le Gochené, le Barbançon, le Vausor et la Brèche grise, le pied de sciage. . . .	1	60
Les différentes espèces de Sainte-Anne, le Bocanal et la Brèche d'Alep, le pied de sciage. . . .	1	68

	fr.	c.
Le Bourbon et le Feluil, le pied de sciage.	1	75
Le Laval noir, le Basalte, la Griotte d'Italie, le Languedoc incarnat, dit royal, le Californie, le Cervelas, le Roquebrune, le Tray, le Sainte-Baume, le Sérancolin, le Dantin, le Veyrette, le Vert Campan, le Campan rouge, le Campan isabelle, la Brocatelle antique et la Brocatelle d'Espagne, valent, le pied de sciage.	1	83
Le Bourbonnais blanc et fond rouge, la Brèche universelle, le Balvacaire et le Languedoc turc, le pied de sciage.	2	11
Le Vert-Vert, le Portor, la Brèche violette, le jaune de Sienne, le jaune de Vérone, la brèche de Venise..	2	4

Le noir de Dinan, le noir de

	fr.	c.
Namur, le Jaspe de Sicile, le pied de sciage.	2	19
La Brèche violette et le Campan rouge, lorsqu'il s'y trouve beaucoup de parties cuivrées, ainsi que le Lumaquelle à grandes coquilles, valent le pied.	2	26
Le Tarentaise, le Vert de Tunis, le Vert d'Egypte, le Vert de mer, la Brèche africaine et le Jaspe du Four, le pied de sciage.	2	33
Le Granit et Vert antique, le pied de sciage.	2	77
Le Cipolin et le Vert porreau, le pied de sciage.	2	92
Le Granit gris de Normandie, le pied de sciage.	9	18
Le Granit de Bretagne, le pied de sciage.	10	20
Le Granit gris des Vosges, le pied de sciage	12	76
Le Granit, dit Feuille morte des Vosges, le pied de sciage. .	13	26

	fr.	c.
Le Granit vert des Vosges, le pied de sciage.	13	77
Granit rose antique, le pied de sciage.	14	26
Les Porphyres rouges et verts, valent le pied de sciage.	21	42
Les coupes faites pour débiter des bandes dans des tranches de 12 à 18 lignes, se comptent à la toise courante.		
Pour les marbres Sainte-Anne, Feluil, etc., la toise courante. .	»	60
Le mètre	»	31
La coupe dans les marbres plus durs, sur la proportion établie dans les sciages.		
La taille des paremens se compte ainsi : temps employé par le marbrier pour la taille d'une toise superficielle, faux frais d'outils, plâtre, transport $\frac{1}{5}$, un $\frac{1}{6}$ de bénéfice du tout :		
Albâtre des Pyrénées, prix de la taille du pied superficiel. . .	»	70

	fr.	c.
Blanc statuaire, blanc veiné et noir de Caen, le pied de taille. .	»	76
Le Rance, le Cerfontaine, le Senzielle, le Traîneau, le Franchimont, etc., etc., le pied de taille.	»	88
Le Bourdon, le Bleu turquin, le Bleu antique, etc., le pied de taille	»	82
Le Bourbonnais blanc et fond rouge, la Brèche universelle, le Basalte, la Griotte d'Italie, le Languedoc incarnat, etc., etc., le pied de taille.	1	5
Le Jaune de Sienne, le Jaune de Vérone, le Jaune antique et le Portor, le pied de taille. . .	1	28
Le Noir de Dinan, le Noir de Namur, le Balvacaire, le pied de taille.	1	40
Le Languedoc turc, la Brèche africaine, le Jaspe de Sicile, la Brèche violette, etc., prix du pied de taille.	1	52

	fr.	c.
Le Lumaquelle à grandes coquilles, le Vert de Turin, la Tarentaise, le pied de taille	1	75
Le Granit rose des Pyrénées, le pied de taille.	5	60
Le Granit rose des Vosges et des côtes de Cherbourg	6	30
Le Granit gris de Provence, le Granit vert et le Granit d'oriental, le pied de taille.	6	65
Le Granit gris et vert des Vosges, le pied de taille.	7	»
Les Porphyres rouge et vert, le pied de taille.	14	»
L'évidement d'un pied cube sur Blanc statuaire, ou Blanc veiné, fait pour de fortes ébauches, soit pour former une colonne, soit pour des épannelages de moulure, etc., le pied cube. . .	11	8
Le mètre cube	323	20

Evidement des mêmes marbres, entre quatre côtés conservés, pour cuvettes, baignoires et au-

	fr.	c.
tres ouvrages semblables, le pied cube.	16	12
Le mètre cube.	470	22

Les évidemens dans les autres marbres augmentent dans les proportions de la taille.

Le polissage sur des sciages, ou moulures taillées, le tout égrisé, rabattu au dernier trait et lustré,

Temps employé par un polisseur pour une toise superficielle, faux frais pour fourniture d'outils, plâtre, mastic, etc., $\frac{1}{5}$ de la main-d'œuvre, $\frac{1}{5}$ du tout.

	fr.	c.
Albâtre des Pyrénées, le pied superficiel de polissage	»	71
Noir de Caen, le Bocanal, le Blanc statuaire, le Blanc veiné et le Blanc oriental, etc., le pied superficiel de polissage.	»	76
Le Rance, le Cerfontaine, le Senzielle, le Franchimont, etc., le pied de polissage.	»	82

	fr.	c.
La Griotte de Flandre, la Brèche grise, le Sainte-Anne, etc., le pied de polissage.	»	88
Le Bourbon, le Laval noir, le Bourbonnais blanc et fond rouge, la Brèche universelle, etc., etc., le pied de polissage.	1	6
Le Noir de Dinan, le Noir de Namur, le Balvacaire, le Languedoc turc, le Portor, etc., le pied de polissage.	1	18
La Lumaquelle à grandes coquilles, la Brèche africaine, le Jaspe de Sicile, etc., le pied de polissage.	1	42
La Serpentine, le Vert de Turin, le Vert de mer, le Vert d'Egypte, la Tarentaise, la Brèche violette, etc., le pied de polissage.	1	48
Le Cipolin et le Vert porreau, le pied de polissage.	1	77
Le Granit rose des Pyrénées, le pied de polissage.	5	68

	fr.	c.
Le Granit gris des Vosges et des côtes de Cherbourg, etc., le pied de polissage.	6	3
Le Granit feuille morte, ou rose des Vosges, le pied de polissage.	64	
Granit vert des Vosges, le pied de polissage.	7	10
Les Porphyres rouge et vert, le pied de polissage.	12	78

Le polissage se divise en deux portions : la première comprend l'égrisage, le rabat et l'adouci, qui vaut la moitié du travail ; la seconde comprend le repiquage et le lustrage ou poli, qui valent l'autre moitié.

L'égrisage et le rabat valent les $\frac{4}{18}$ de cette première moitié, et l'adouci les $\frac{14}{18}$.

Le piqué seul vaut les $\frac{6}{7}$ de l'autre moitié, et le relevé ou le poli vaut l'autre septième.

Pierre de Liais.

	fr.	c
Le prix cube, débité en épaisseur de 2 à 4 pouces, employé pour noyaux de pilastres, revêtemens, compris le débit, l'équarrissage, le montage, son scellement avec les marbres, mais sans compter les trous et la pose des agrafes et goujons, le pied cube, compris bénifice. . .	6	9
Le mètre cube.	177	65
Dalles de 10 à 12 lignes, prises dans de la bande à carreaux, employées à des revêtemens, pilastres, travers de foyers et chambranles, le pied superficiel. . . .	»	98
Le mètre superficiel.	9	23
Dalles de 15 lignes employées au même usage, le pied superfic.	1	19
Le mètre *id.*	11	26
Dalles de Liais, débitées au chantier à 15 lignes d'épaisseur,		

	fr.	c.
et employées à daller des terrasses, le pied superficiel.	1	16
Le mètre, *id.*	10	98
Les mêmes dalles de 2 pouces d'épaisseur, le pied superficiel. .	1	35
Le mètre, *id.*	12	79
Les mêmes dalles de 3 pouces d'épaisseur, le pied superficiel. .	1	59
Le mètre, *id.*	15	2
Vieilles dalles de 15 à 30 lignes d'épaisseur, pour dépose, équarrissage des joints et repose, le pied superficiel.	»	30
Le mètre superficiel.	2	83
Le sciage du Liais comprend le temps employé pour scier une toise superficielle, le déchet occasioné par les équarrissages et coupe, évalué $\frac{1}{20}$; les faux frais $\frac{1}{6}$ de la main-d'œuvre, et $\frac{1}{5}$ du tout pour bénéfice. D'après ce système, le pied superficiel revient à.	»	61
Mètre, *id.*	5	74

	fr.	c.
La coupe faite pour débiter des bandes dans des dalles de Liais de 12 à 18 lignes d'épaisseur, comprend le temps employé, le déchet provenant des équarrissages $\frac{1}{10}$, les faux frais $\frac{1}{5}$ de la main-d'œuvre, et $\frac{1}{3}$ du tout pour bénéfice, le pied courant de coupe revient à.	»	4
Le mètre courant.	»	12
La taille du Liais sur parement de sciage, ou taille de moulures, de joints, etc., comprend le temps employé pour une toise superficielle de taille, faux frais $\frac{1}{5}$ de la main-d'œuvre, bénéfice $\frac{1}{6}$ du tout, valeur d'un pied superficiel.	»	42
Id., mètre, *id.*	3	98

Le polissage au grès, sur dalles neuves, chambranles et autres ouvrages, comprend le temps employé pour le polissage d'une toise superficielle $\frac{1}{5}$ de la main-

	fr.	c.
d'œuvre, et $\frac{1}{6}$ du tout pour bénéfice; d'après ce système, la toise superficielle.	3	80
Le mètre, *id.*	1	»
Le frottage fait avec soin sur de vieilles dalles et marches d'escalier en place, s'évalue de la même manière; temps employé $\frac{1}{3}$ de la main-d'œuvre, $\frac{1}{6}$ du tout pour bénéfice; ainsi une toise superficielle se paie.	2	53
Le mètre, *id.*	»	67

Chambranles.

Pour mettre à prix un chambranle ordinaire, on doit considérer, 1°. la totalité du marbre mis en œuvre dans le chambranle, le déchet produit par les équarrissages, évalué $\frac{1}{10}$, la fourniture de goujons et agrafes pour les chapiteaux et le chambranle. . . . .

La fourniture de $\frac{2}{3}$ de sac de

fr. c.

plâtre, le temps pour couper à la scie, pour le débit de la tablette, le travers et les pilastres; le temps employé pour la taille et le montage des chambranles; le temps employé pour la pose; faux frais, $\frac{1}{6}$ pour les sciages, et $\frac{1}{5}$ de la main-d'œuvre pour la taille et le poli, $\frac{1}{6}$ de bénéfice du tout;

D'après ces données, un chambranle en marbre Sainte-Anne de 12 lignes d'épaisseur, mais non monté sur pierre, dit à la capucine, de forme ordinaire, portant 4 pieds de longueur hors œuvre des jambages, 3 pieds de hauteur sous tablette, la tablette de 4 pieds 2 pouces sur 13 lignes, sans moulures, le travers et les deux pilastres de 4 pouces $\frac{1}{2}$ de large, avec socle, les chapiteaux portant moulures; revient la pièce, mis en place, à 44 51

	fr.	c.
Le même chambranle, monté sur dalle en pierre, mis en place.	48	28
Le même chambranle, mais la tablette à chanfrein, ou biseau, ou avec une doucine simple sur trois faces, la pièce.	54	19
Le même chambranle, mais la tablette portant une doucine entre les deux filets, la pièce. .	60	48
Le même chambranle, mais le pilastre portant astragale double sous le chapiteau, ou à double filet et grain d'orge, revient à.	65	84
Le même chambranle, mais avec un foyer de même marbre de 4 pieds sur 18 pouces de large, monté sur dalles en bandes de Liais de 15 lignes d'épaisseur; vaut.	93	59

Chambranles en pierre de Liais.

Un chambranle en pierre à la

fr. c

capucine mis en place, de 4 pieds de long sur 3 pieds de hauteur sous tablette; la tablette de 4 pieds 2 pouces sur 12 pouces de largeur et 1 pouce d'épaisseur, sans moulure, le travers et les deux pilastres de 4 pouces $\frac{1}{2}$ de large et 2 pouces $\frac{1}{2}$ d'épaisseur, avec socles, et chapiteaux; l'appréciation se compose des mêmes élémens que pour le chambranle en marbre Sainte-Anne, c'est-à-dire : cube de la pierre mise en œuvre; déchet par les coupes, sciages et équarrissages un quart.

Temps employé pour le sciage des largeurs et épaisseurs.

Déchet par les équarrissages et coupes $\frac{1}{6}$ du sciage.

Temps employé pour la taille et le montage.

Id., pour le polissage au grès.

Id., pour pose.

Fourniture de $\frac{2}{3}$ de sac de plâ-

	fr.	c.
tre ; fourniture de 8 goujons pour chapiteaux et socles, et 8 agrafes pour la pose ; faux frais $\frac{1}{7}$ de la main-d'œuvre pour marbrier, et $\frac{1}{6}$ pour les sciages, $\frac{1}{6}$ du tout pour bénéfice.		
D'après ces élémens un chambranle ordinaire en pierre de Liais, revient à.	15	58
Le même chambranle dit à la grecque, forme ancienne, revient à.	18	33
Le même chambranle en pierre, la tablette en marbre Sainte-Anne, de 12 pouces de largeur sur 12 lignes d'épaisseur, sans moulure, revient à.	31	10
Le même chambranle en pierre, à la capucine, la tablette en marbre ainsi que le foyer, vaut.	56	17
Le même chambranle en marbre, mais avec foyer en pierre de Liais, pris dans de la bande de 15 lignes d'paisseur, vaut. .	35	69

Poses de divers chambranles.

	fr.	c.
On a calculé que la pose d'un chambranle de marbre à pilastres, avec ses retours et sans foyer, revenait, compris les fournitures necessaires, à.	4	78
Pose d'un chambranle fait à pilastres avec ses revêtemens et son foyer, vaut, compris les fournitures nécessaires.	5	80
Pose d'un chambranle à pilastres, ou consoles galbées, avec arrière-corps, revêtemens et foyer, vaut, compris les fournitures nécessaires.	6	56
Pose d'un chambranle à colonnes, pilastres, arrière-corps, revêtemens et foyer, vaut, compris les fournitures nécessaires. .	7	56
Nettoyage seulement d'un chambranle à pilastres avec revêtemens et foyer, compris le		

	fr.	c.
temps employé par le polisseur, $\frac{1}{5}$ de la main-d'œuvre pour faux frais et $\frac{1}{6}$ du tout, vaut.	2	2
Le même chambranle nettoyé et le foyer adouci à la ponce, vaut.	2	68
Chambranle à colonnes et pilastres, avec revêtemens et foyer, seulement nettoyé.	2	92
Le même chambranle, mais adouci à la ponce	3	58
Chambranle de Blanc ou Bleu Turquin à pilastres, socles, chapiteaux, revêtemens, foyer et tablette avec moulures, nettoyé, poli ou lustré sur place, vaut.	9	86
Chambranle à colonne galbée, revêtement et arrière-corps, ou à colonnes et pilastres avec revêtement, foyer et tablette à doucine, nettoyé et lustré, vaut.	14	34

Les chambranles varient de prix suivant la main-d'œuvre ; ainsi un chambranle à pilastres

fr. c.

portant chapitaux unis sans moulure, dits astragales carrés, se retournant sur le revêtement avec socles par bas, revêtemens unis montant sous l'astragale, avec leurs socles par bas, montés sur noyaux ainsi que le travers; la tablette sans moulure, et le foyer d'une pièce montée sur dalle; la tablette de marbre de 4 pieds 2 pouces sur 14 pouces de large, le travers de 6 pieds de pourtour sur 4 pouces; les 2 pilastres, chacun 2 pieds 3 pouces sur 4; les 2 revêtemens de chaque 12 pouces sur 2 pieds 3 pouces; le foyer de 4 pieds sur 18 pouces de large, le tout de 15 lignes d'épaisseur.

Les 2 chapiteaux ensemble 2 pieds 3 pouces sur 4 ½ de large; les 2 socles ensemble 2 pieds 8 pouces, e ½ dem de long sur 4 pouces de hauteur.

fr. c.

Pour la pierre, le noyau du travers avec retour sans gousset, de 3 pieds 10 lignes de long sur 11 pouces de large et de 3 et ½ d'épaisseur; ces 2 noyaux pour les retours et pilastres ensemble 2 pieds 7 pouces de hauteur; le tout de 2 pouces ½ d'épaisseur, la dalle du foyer de 4 pieds sur 18 pouces.

Ce chambranle, compris le détail des sciages, de la taille, et du polissage, revient à. 291 10

Chambranle à pilastres, semblable au précédent; mais la tablette et les chapitaux portant une doucine, ou autre moulure sans filet. 303 80

Chambranle à pilastres, semblable au premier; mais la tablette portant une moulure avec un filet et un carré; les chapiteaux semblables aux derniers dans le corps du pilastre et sur

fr. c.

les revêtemens ; s'il se trouve dessous un grain d'orge ciselé, formant astragale, au lieu de 4 pouces, le travers porte 5 pouces, et est cintré dessous entre les pilastres avec ressaut ou tête. Prix du chambranle d'après les premiers détails 315 45

Chambranle à pilastres, semblable au dernier quant à la tablette, et aux deux premiers pour le travers, les revêtemens, les socles et le foyer; les pilastres et revêtemens sont couronnés d'un chapiteau de 3 pouces de hauteur, élégi par le bas, d'un astragale simple, en dedans des pilastres est un cadre uni ou arrière-corps de 3 pouces de large, compris recouvrement, formant le pourtour du vide du chambranle ; vaut, compris détail du marbre, sciage, taille, polissage. 359 38

Chambranle à pilastres carrés

fr. c.

de 4 pouces sur toutes faces, portant socles par bas aussi de 4 pouces, avec chapiteaux de 3 pouces de haut, profilés sur les quatre faces ; chaque chapiteau est taillé d'une moulure à deux filets et d'un astragale double dessous, séparé d'un bandeau ; les revêtemens de 9 pouces ½ de large, sans socles ni chapiteaux ; la tablette, le travers et le foyer comme le dernier chambranle, mais sans cadre intérieur : vaut, compris les détails 352 81

Chambranle à consoles galbées de 2 pieds 1 pouce de hauteur, 6 pouces de large par le haut, réduites à 2 pouces par le bas, et ayant 3 pouces d'épaisseur vues de face, avec revêtemens derrière de 6 pouces de large, sur 12 lignes d'épaisseur. Ces consoles coiffées d'un chapiteau de 3 pouces de hauteur taillé

	fr.	c.
d'une gorge, avec deux filets listels et une frise unie en surbaissement dessous; les socles en marbre plein de 4 pouces de hauteur sur 3 pouces ½ de largeur, réguant sous les revêtemens, la tablette, le travers et le foyer : vaut pour marbre, sciage, taille, polissage. . . .	327	80

Chambranle à colonnes ayant 4 pouces de diamètre par bas, pour base posée sur un socle portant avant-corps dans l'intérieur, et faisant toute la profondeur des revêtemens; les colonnes avec tambour rapporté par le haut, portant tailloir, un quart de rond dessous et son filet avec un surbaissement pour dégager un astragale double séparé par un bandeau; derrière chaque colonne est un pilastre uni sous chapiteau posant sur le socle; entre la colonne et le pilastre est

fr. c.

un plafond posé horizontalement derrière le travers ; dans l'intérieur de chaque pilastre se trouve un arrière-corps, avec un travers couronné d'un chapiteau ou imposte qui porte une doucine sans filet, reposant de même par bas sur le socle de la colonne; les revêtemens ainsi que le plafond ayant 6 pouces de large ; la tablette et le travers semblables au dernier chambranle, avec un champ d'encadrement sur trois faces ajusté d'onglet : vaut pour marbre, sciage, taille et polissage. 460 4

Chambranle de forme circulaire, dite à bouche de four, composé de deux pilastres de 22 pouces de haut sur 4 pouces de large et 1 pouce d'épaisseur ; le panneau entre ces pilastres porte même hauteur, même épaisseur et est de 3 pieds 6 pou-

fr. c.

ces de largeur, compris 2 pouces de recouvrement derrière ces pilastres, portant doucine au pourtour du vide; sous ces pilastres à la retombée du cintre se trouve une corniche de 12 lignes d'épaisseur, ornée d'une doucine simple et régnant sur les revêtement; dessous se trouve un tambour de 6 pouces de hauteur et de 2 pouces d'épaisseur, posant sur le socle qui porte lui-même 3 pouces de hauteur sur 6 pouces $\frac{1}{2}$ de largeur; ce chambranle a une tablette semblable aux précédentes, mais portant tête et avant-corps au droit des deux pilastres; le travers est de 2 pouces d'épaisseur et élégi d'avant-corps sur la face; les revêtemens portent 11 pouces en marbre de 12 lignes d'épaisseur; le foyer est à compartimens et divisé en trois panneaux encadrés d'onglets au

	fr.	c.
pourtour : vaut pour marbre, sciage, taille et polissage. . . .	451	16

Du carrelage.

Le carreau de Liais carré, de 10, 11 et 12 pouces, compris ragrément et passage au grès après la pose, revient, la toise superficielle	28	33
Le mètre *id.*	7	46
Les bandes encadrant les carreaux octogones de pierre et de marbre noir, sont de même valeur que les carreaux.		
Le carreau carré de 9 pouces, vaut, compris déchet, sciage, temps pour la pose, la toise superficielle.	29	63
Le mètre *id.*	7	80
Le carreau *id.*, de 6 pouces, vaut compris sciage, etc., la toise superficielle.	33	58
Le mètre *id.*	8	84
Vieux carreaux de Liais, de		

	fr.	c.
10, 11 et 12 pouces, équarris en partie, reposés et passés au grès, la toise superficielle.	10	84
Le mètre *id.*	2	85
Les mêmes carreaux, de 6 pouces, valeur de la toise superfic.	17	39
Le mètre.	4	58
Vieux carreaux de 10, 11 et 12 pouces, mais équarris en entier, c'est-à-dire réunis à un autre échantillon, ou taillés et façonnés dans des Landes, la toise.	12	80
Le mètre.	3	37
Les mêmes carreaux, mais de 6 pouces, la toise superficielle. .	20	2
Le mètre *id.*	5	27
Carreaux octogones en Liais, les remplissages faits en petits carreaux de marbre noir, les carreaux en Liais de 12 pouces, les carreaux de marbre de 5 pouces, compris le ragrément et le frottage au grès après la pose. .	35	97
Le mètre *id.*	9	47

	fr.	c
Le même carreau, de 10 pouces, la toise superficielle.	38	16
Le mètre.	10	4
Le même carreau, de 8 pouces, la toise superficielle.	44	40
Le mètre *id*.	11	69
Le même carreau, de 3 pouces, la toise superficielle.	54	13
Le mètre *id*.	14	24
Vieux carreaux de Liais et de marbre noir, de 10, 11 et 12 pouces, pour pose seulement, la toise superficielle.	8	14
Le mètre *id*.	2	14
Le même carreau, de 6 pouces, la toise superficielle.	13	39
Le mètre *id*.	3	52
Vieux carreaux, octogones, de 10, 11 et 12 pouces, pour équarrissage en partie ou demi-équarrissage, posés et repassés au grès, la toise superficielle. . . .	11	62
Le mètre *id*.	3	6

	fr.	c.
Le même carreau, de 6 pouces, la toise superficielle	21	58
Le mètre *id*.	5	68
Vieux carreaux octogones en Liais, de 10, 11 et 12 pouces, et carreaux en marbre noir équarris en totalité pour être mis à un autre échantillon, posés et passés au grès, la toise superficielle. .	15	24
Le mètre *id*	4	»
Le même carreau, de 6 pouces, la toise superficielle.	28	62
Le mètre *id*.	7	53
Carreaux neufs, moitié Liais, moitié marbre noir, de 12 pouces, la toise superficielle	58	58
Le mètre *id*.	15	42
Le même carreau, de 9 pouces, la toise superficielle.	64	»
Le mètre *id*.	16	87
Le même carreau, de 6 pouces, la toise superficielle.	71	75
Le mètre *id*	18	88
Carreau de 12 pouces, moitié		

	fr.	c.
Liais et l'autre moitié en carreaux de marbre Sainte-Anne, la toise superficielle.	76	79
Le mètre *id.*	20	21
Le même carreau de 9 pouces, la toise superficielle.	78	56
Le mètre *id.*	20	67
Le même carreau de 6 pouces, la toise superficielle.	80	31
Le mètre *id.*	21	13
Carreaux tout en marbre de Flandre, non polis de 12 pouces, moitié Sainte-Anne et moitié Franchimont, la toise superfic.	123	31
Le mètre *id.*	32	45
Le même carreau, de 9 pouces, la toise superficielle.	127	54
Le mètre *id.*	33	56
Le même carreau, de 6 pouces, la toise superficielle.	133	15
Le mètre	35	4
Carreaux de marbre, moitié en marbre noir de Dinan et moitié en marbre blanc veiné, non polis.		

	fr.	c.
de 12 pouces sur 12 lignes d'épaisseur, la toise superficielle. .	153	1
Le mètre *id.*	40	27
Le même carreau, de 9 pouces, la toise superficielle.	160	46
Le mètre *id.*	42	23
Carreaux de marbre, moitié en Blanc veiné et moitié en marbre Bleu turquin, non polis, de 12 pouces sur 12 lignes d'épaisseur, la toise.	217	47
Le mètre.	57	23
Le même carreau, de 9 pouces, la toise superficielle.	220	82
Le mètre *id.*	58	11
Carreaux entièrement façonnés au chantier, moitié en marbre vert de mer et moitié en brèche violette, de 12 pouces sur 1 pouce d'épaisseur en œuvre, la toise superficielle.	610	56
Le mètre *id.*	160	67
Le même carreau, de 9 pouces, la toise superficielle.	624	89

	fr.	c
Le mètre *id.*	164	44
Carreaux de Liais seul, ou Liais et marbre noir, pour les déposer, les nettoyer et en faire la repére seulement, la toise superficielle.	»	65
Le mètre *id.*	»	17
Le ragrément sur place des carreaux non déposés, et le frottage au grès des carreaux neufs, sont l'un et l'autre de même valeur que la dépose des carreaux, la toise superfic.	»	65
Le mètre *id.*	»	17
Le polissage des carreaux neufs ou vieux, frottés au grès seulement, la toise superfic.	»	98
Le mètre *id.*	»	26
Carreaux de Liais forme octogone, neufs ou vieux, passés au grès, et les carreaux de marbre poncés et adoucis après le rabat, la toise superfic.	3	58
Le mètre *id.*	»	94

	fr.	c.
Carreaux carrés neufs ou vieux, moitié pierre et moitié marbre noir, passés au grès, et ceux en marbre poncés et adoucis, la toise superfic.	9	94
Le mètre *id*.	2	62
Carreaux neufs tout en marbre de couleur, passés au grès, rabattus, poncés, mastiqués, ragréés, adoucis et polis, la toise superficielle.	21	21
Le mètre *id*.	3	72
Vieux carreaux de marbre de couleur, frottés au grès seulement, ragréés et mastiqués, la toise superfic.	4	60
Le mètre *id*.	1	21
Les mêmes, poncés, rabattus, adoucis et polis, la toise. . . .	14	12
Le mètre *id*.	3	72

Fourniture dans les réparations du carrelage.

	fr.	c.
Les bandes de Liais de 12 lignes d'épaisseur, fournies partiellement dans les vieux carreaux : vaut la toise superfic. .	24	97
Le mètre *id*.	6	57
Les mêmes bandes, posées en raccordement au pourtour des carreaux en place : vaut la toise superfic.	31	53
Le mètre *id*.	8	30
Vieilles dalles, posées de même que les précédentes en raccordement des carreaux, la toise superfic.	9	72
Le mètre *id*.	2	56
Le cent de carreaux neufs de Liais ou octogones, de 12 pouces, fournis partiellement dans les vieux carreaux : vaut le cent.	56	20
Le carreau vaut.	»	56

Le même cent de carreaux,

	fr.	c.
employés de même dans les vieux carreaux de 9 pouces : valeur du cent.	32	61
Valeur d'un carreau.	»	32
Le même, de 6 pouces, le cent de carreaux.	14	6
Valeur d'un carreau.	»	14
Carreaux neufs en Liais de 12 pouces, posés en recherche : le cent vaut.	81	14
Valeur d'un carreau.	»	81
Le même, de 9 pouces, le cent.	51	30
Valeur d'un carreau.	»	51
Vieux carreaux de Liais de 12 pouces, posés en recherche, le cent.	24	94
Valeur d'un carreau.	»	25
Les mêmes, de 9 pouces, le cent.	19	69
Valeur d'un carreau.	»	20
Les carreaux de marbre noir, de 5 pouces, fournis partiellement dans les vieux carrelages, le cent.	21	42

	fr.	c.
Valeur d'un carreau.	»	21
Les mêmes, de 3 pouces 9 lignes, le cent.	17	85
Valeur d'un carreau.	»	18
Les mêmes, de 2 pouces 7 lignes, le cent.	14	28
Valeur d'un carreau.	»	14
Carreaux de marbre noir de 5 pouces, posés en recherche, le cent.	29	83
Valeur d'un carreau.	»	30
Les mêmes, de 3 pouces 9 lignes, le cent.	26	13
Valeur d'un carreau.	»	26
Vieux carreaux de 4 à 5 pouces, valent le cent.	8	4
Valeur d'un carreau.	»	8

Les mêmes fournitures employées par les marbriers, sont les goujons en fer ou en bronze, pour fixer les morceaux de marbre, les unir avec les autres et les agrafer.

Les goujons en fer, se font avec du filde-fer de 2 à 3 lignes : chaque goujon se vend 3 centimes pièce.

Les goujons en bronze sont employés pour les marbres blancs, et se font avec du fil de laiton, qui se vend 2 francs 40 cent., de manière que chaque goujon revient à 8 cent. la pièce.

Les grandes agrafes de fer forgé, servant à lier des marbres cassés, ou à arrêter l'effet des fils ou des terrasses, portent de 9 à 18 pouces de longueur, et se vendent au poids et à raison de 40 cent. la livre.

Les lettres gravées sur pierre et teintes de résine, vernis noir, leur sont payées 10 cent. le pouce, portant jusqu'à 18 lignes de hauteur, et au-dessus 8 centimes le pouce; celles qui sont remplies de mastic sont payées 15 cent. le pouce, jusqu'à 18 lignes de hauteur, et au-dessus 11 cent. le pouce.

Celles qui, au lieu d'être vernies, sont dorées, se paient 25 cent. le pouce de hauteur, jusqu'à 18 lignes, et 20 cent. celles au-dessous.

Les lettres sur marbre et remplies de mastic, sont payées 20 cent. le pouce jusqu'à 18 lignes, et 15 cent. pour celles au-dessus.

Le pied de filet verni et gravé sur pierre est payée 20 cent., et celui sur marbre 40 cent.

Le mastic de marbrier se compose de tuile de Bourgogne pulvérisée et passée au tamis de soie, une livre de litharge, une livre de blanc de céruse, trois livres d'huile de lin, une livre d'huile grasse; la livre de mastic ainsi composé revient à 34 cent.

FIN.

TABLE
DES MATIÈRES.

Pages.

Pages.

Pages.

Pages.

FIN DE LA TABLE.

www.ingramcontent.com/pod-product-compliance
Lightning Source LLC
LaVergne TN
LVHW012022220826
846092LV00001B/447

9782329752747